Bibliografische Information der Deutschen Nationalbibliothek:

Die Deutsche Bibliothek verzeichnet diese Publikation in der Deutschen National-
bibliografie; detaillierte bibliografische Daten sind im Internet über http://dnb.d-
nb.de/ abrufbar.

Impressum:

Copyright © 2009 GRIN Verlag, Open Publishing GmbH
Druck und Bindung: Books on Demand GmbH, Norderstedt Germany
ISBN: 9783640651290

Dieses Buch bei GRIN:

http://www.grin.com/de/e-book/152835/wir-erforschen-das-zahlengitter-klassenstufe-
2

Christine Fiebich

Wir erforschen das Zahlengitter, Klassenstufe 2

GRIN Verlag

GRIN - Your knowledge has value

Der GRIN Verlag publiziert seit 1998 wissenschaftliche Arbeiten von Studenten, Hochschullehrern und anderen Akademikern als eBook und gedrucktes Buch. Die Verlagswebsite www.grin.com ist die ideale Plattform zur Veröffentlichung von Hausarbeiten, Abschlussarbeiten, wissenschaftlichen Aufsätzen, Dissertationen und Fachbüchern.

Besuchen Sie uns im Internet:

http://www.grin.com/

http://www.facebook.com/grincom

http://www.twitter.com/grin_com

Studienseminar für Lehrämter an Schulen Arnsberg

Studienseminar für die Primarstufe

Wir erforschen das Zahlengitter

1 Thema der Reihe

Wir erforschen das Zahlengitter – ein operatives Übungsformat zur Entdeckung von Rechenstrategien im Zahlenraum bis 100 sowie der Anbahnung und Schulung im Problemlösen und Argumentieren.

2 Aufbau der Reihe

Erste Unterrichtssequenz :

„Wir lernen Zahlengitter (3x3) und deren Rechenregel kennen" – Kennenlernen von Struktur, Begrifflichkeiten und Rechenregel um erste Gitter auszufüllen und eine Grundlage zur Verbalisierung zu schaffen.

Zweite Unterrichtssequenz :

„Wir suchen Zahlengitter (3x3) mit Zielzahl 12" – Das Ausfüllen des Gitters und Suchen möglichst vieler Lösungen bei gleicher Start- und Zielzahl zur Anbahnung des Problemlösens, Entwicklung von Strategien sowie der Anregung des Verbalisierens.

Dritte Unterrichtssequenz :

„Gibt es Zahlengitter mit ungeraden Zielzahlen?" – Anwendung und Vertiefung der gefundenen Strategien und deren Überprüfung bei der Suche nach ungeraden Zielzahlen unter Veränderung der Startzahl.

Vierte Unterrichtssequenz :

„Sind wir Zahlengitterexperten und können unsere Strategie auf größere Zahlengitter anwenden?" – Übertragen der Entdeckungen auf unterschiedlich große Zahlengitter und Ablegen der Zahlengitterprüfung!

3 Ziele der Stunde

Das **Schwerpunktziel** der Stunde

Die Schüler sollen eine strategische Verfahrensweise anbahnen, indem sie

- in Partnerarbeit kreativ sind,
- Rechenstrategien entdecken,
- möglichst viele Zahlengitter mit Zielzahl 12 finden,
- nach Begründungen suchen,
- ihre Ergebnisse angemessen kennzeichnen und anschließend ihre Erkenntnisse verbal

begründen und argumentieren.

Im Rahmen der Sachkompetenz ....

...sollen die Schüler einen operativen Zusammenhang zwischen den Zahlen, Mittelzahl – Pluszahlen – und Zielzahl, entdecken.

...sollen die Schüler Additions- und Subtraktionsaufgaben unter Ausnutzung von Zerlegungsstrategien und Rechengesetzen sicher lösen.

4 Die fachwissenschaftliche Analyse des Unterrichtsgegenstandes

Das Zahlengitter

Das Zahlengitter ist ein operatives Übungsformat, dem eine bestimmte Struktur, die Rechenvorschrift, zugrunde liegt. Durch seine Variationsmöglichkeiten kann es in dieser Unterrichtsstunde zur Anbahnung einer Problemlösefähigkeit genutzt werden.

Das Zahlengitter besteht aus einer gleichen Anzahl an Zeilen und Spalten. In der vorliegenden Unterrichtsstunde wird ein 3x3 Gitter verwendet, welches aus insgesamt neun Feldern zusammengesetzt ist.

Ein ausgefülltes Zahlengitter kann wie folgt aussehen:

Der Aufbau

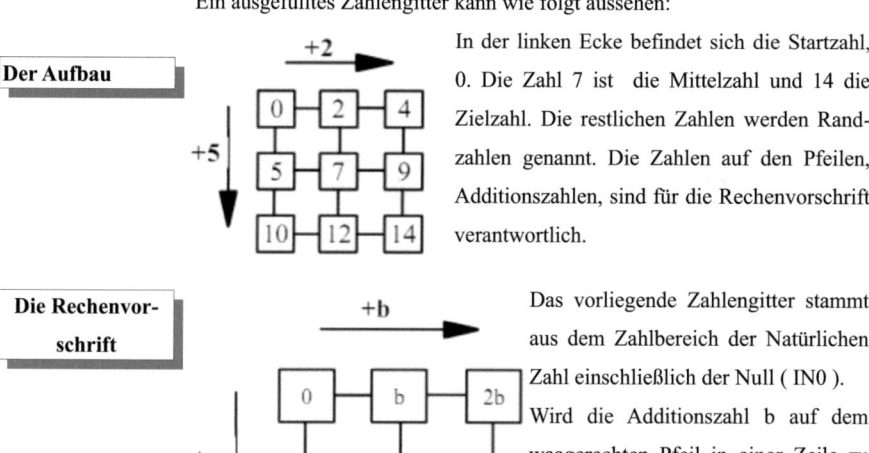

In der linken Ecke befindet sich die Startzahl, 0. Die Zahl 7 ist die Mittelzahl und 14 die Zielzahl. Die restlichen Zahlen werden Randzahlen genannt. Die Zahlen auf den Pfeilen, Additionszahlen, sind für die Rechenvorschrift verantwortlich.

Die Rechenvorschrift

Das vorliegende Zahlengitter stammt aus dem Zahlbereich der Natürlichen Zahl einschließlich der Null (IN0). Wird die Additionszahl b auf dem waagerechten Pfeil in einer Zeile zu der Startzahl hinzugefügt, ergibt sich die Zahl rechts vom Kästchen, b. Durch erneutes addieren der eben entstandenen Zahl b und der Additionszahl b ergibt sich die Randzahl rechts oben, 2b.

Wird der Startzahl 0 die senkrecht verlaufende Additionszahl a hinzugefügt, ergibt sich die Randzahl a. Durch die Rechenvorschrift „plus" der Zahl a mit der Additionszahl a ergibt sich 2a. Die Mittelzahl entsteht durch Zusammenfügung der beiden Additionszahlen und der Startzahl. Die Zielzahl ist die Summe der zweifachen Additionszahlen und der Startzahl. Da die letztgenannte 0 ist, kann sie in den weiteren Ausführungen vernachlässigt werden. Die Zielzahl d ist stets eine gerade Zahl, 2n, denn:

$$2b+2a=d \Rightarrow 2 \cdot (a+b)=d \Rightarrow 2 \cdot c=d \, , denn \, (a+b)=c \Rightarrow c=\frac{d}{2} \, .$$

Somit ist gezeigt, dass die Mittelzahl immer die Hälfte der Zielzahl ist respektive die Zielzahl entspricht dem zweifachen der Mittelzahl. Diese Erkenntnis ist für die Entdeckung und Findung möglichst vieler Möglichkeiten mit Zielzahl 12 von fundamentaler Bedeutung, da die Schüler alle Zahlzerlegungen der Mittelzahl 6 (also 12/2) finden sollten/ könnten.

Den Schülern sind die Rechenregeln in folgender Form bekannt:

Rechenregen

1. Addiere mit der oberen Pluszahl waagerecht. ▶

2. Addiere mit der linken Pluszahl senkrecht. ▼

3. Addiere immer zum vorherigen Kästchen dazu.

Wie eben genannt, muss die Mittelzahl 6 in alle Möglichkeiten zerlegt werden, damit alle Zahlengitter der Zielzahl 12 gefunden werden können.

Eine natürliche Zahl n kann in Mengen natürlicher Zahlen zerlegt werden.

Alle möglichen Zahlzerlegungen mit Zielzahl 12 und Startzahl 0

Die Anzahl M an Möglichkeiten bei vorgegebener Start- und Zielzahl lässt sich wie folgt berechnen: M = [(d – 0):2] + 1, wobei die Mengen der nichtnegativen ganzen Zahlen betrachtet werden. Daraus ergibt sich: M = [(12 – 0): 2] + 1 = 7.

Folgende sieben Zerlegungen sind möglich: M = (6 + 0) = (0 + 6) = (5 + 1) = (1 + 5) = (2 + 4) = (4 + 2) = (3 + 3). Zu jeder Zerlegung, außer 6 = 3 + 3, kann die Tauschaufgabe gebildet werden.

Wege zur Entdeckung

„Viele Wege führen nach Rom" und viele Wege führen zur Zielzahl 12. Ohne Anwendung von Differenzierungsmöglichkeiten können die Entdeckungen wie folgt entstehen:

1. Unsystematisches/ willkürliches Probieren

• Die Schüler wählen eine bzw. zwei beliebige Additionszahlen und berechnen die Summe. Wenn sie nicht auf die gewünschte Zielzahl stoßen könnten sie willkürlich neue Zahlen verwenden oder

2. Systematisch vorgehen. Das Entdecken zweier Additionszahlen die nicht 12 ergeben könnte die SuS dazu veranlassen, eine der gewählten Additionszahlen so lange zu verändern (vergrößern / verkleinern) bis das Gitter richtig ausgefüllt ist.

3. Systematisches Verändern: Ist auf den eben genannten Wegen eine Möglichkeit gefunden die zur Summe 12 führt, könnten die Additionszahlen gegensinnig verändert werden, damit die Mittelzahl 6 erhalten bleibt. Das heißt, das Vergrößern einer Additionszahl a um die Zahl x hat als Resultat die Verminderung der Additionszahl b um die Zahl x. Analog dazu: Verkleinern von a um x führt zu Vergrößern von b um x.

5 Die didaktische Schwerpunktsetzung

*Der **Schwerpunkt** der Stunde liegt darin, dass sich bei den Schülern eine strategische Verfahrensweise anbahnen soll. Dazu sollen sie möglichst viele Zahlengitter mit Zielzahl 12 finden und ihren Blick auf die Vorgehensweise lenken, um später die eigene Handlung zu reflektieren.*

5.1 Bedeutsamkeit für die Lerngruppe

Die Inhalte der vorliegende Unterrichtsstunde können der im **Lehrplan** NRW verankerten inhaltsbezogenen Kompetenz Umgang mit Zahlen und Operationen zugeordnet werden. Das primäre Anliegen ist die Erschließung der Lebenswirklichkeit.[1] Dies kann erreicht werden, indem die Schüler „auf Grundlager tragfähiger Zahl- und Operationsvorstellungen sowie verlässlicher Kenntnisse und Fertigkeiten [...] Rechenstrategien "[2] entwickeln und nutzen.

Neben den eben beschriebenen Kompetenz erwerben die Schüler die folgenden drei **prozessbezogenen Kompetenzen**: Problemlösen/ kreativ sein, Argumentieren und Kommunizieren.

Im Sinne des entdeckenden Lernens sollen die Schüler die Struktur im Zahlengitter selbstständig erkennen und somit ihre Kompetenz **Problemlösen** und **Kreativität** schulen.

Die Partnerarbeit soll zum Einen die Kooperation fördern und zum Anderen dazu anregen, über Sachverhalte und auftretende Vermutungen während des Arbeitens zu **kommunizieren**. Die Verwendung einer angemessenen Fachsprache ist während der gesamten Unterrichtsstunde unverzichtbar.

Die Kompetenz **Argumentieren** wird dahingehend erreicht, dass die Schüler ihre Aussagen und Vermutungen hauptsächlich in der Reflexion begründen sollen. Des weiteren wird das mathematisch richtige begründen erreicht, indem die Rechenstrategie nach dem Partnerwechsel erläutert wird.

Das Erkennen der Rechenstrategie und Lösen des Zahlengitters liegt der inhaltlichen Leitidee (Kompetenz) „Muster und Strukturen"[3] der Bildungsstandards zugrunde.

Der **Gegenwartsbezug** zeigt sich in dieser Unterrichtsstunde darin, dass die Schüler erste Erfahrungen im Entdecken von Strategien gesammelt haben. Die Kompetenz Problemlösen wurde an zwei weiteren operativen Übungsformaten im vergangenen Schuljahr eingeübt. An diesen Erfahrungen soll angeknüpft werden.

Die Inhalte des problemlösenden Mathematikunterrichts helfen den Schülern, Problemstellungen

1 Vgl. Lehrplan Mathematik S. 58.
2 Ebd.
3 http://www.kmk.org/fileadmin/veroeffentlichungen_beschluesse/2004/2004_10_15-Bildungsstandards-Mathe-Primar.pdf Stand: 03.12.2009, 19:14 Uhr.

zu bearbeiten.[4] Exemplarisch steht das Ziel der Anbahnung einer strategischen Vorgehensweise der Stunde dafür, Lösungsstrategien zu entwickeln und zielorientiert zu nutzen.[5] **(Exemplarität)** Die **Zukunftsbedeutung** liegt darin, Vorgehensweisen beim Entdecken von Strategien auf ähnliche Sachverhalte zu übertragen.[6] Die Grundkenntnisse, die in der Schuleingangsphase gesammelt werden, sollen in den nächsten Schuljahren aufgegriffen und erweitert werden (Spiralcurriculum).

Die Schüler sollen exemplarisch am Zahlengitter ihre Fähigkeiten im Problemlösen schulen. Gemeinsam mit einem Partner sollen möglichst viele Lösungen mit Zielzahl 12 entdeckt werden. Die Partnerarbeit fördert zum einen die Kreativität und zum anderen veranlasst es die Schüler zur Kommunikation. Somit kann davon ausgegangen werden, dass die Vorgehensweise als Vorbereitung auf die Reflexion verbalisiert wird. Der spätere Zusammenschluss zweier Partner zu einer Vierergruppe intensiviert diesen Prozess und soll den Schülern helfen, ihre Gedanken in Worte gefasst sowie eine Rückmeldung über die bisherigen Ergebnisse erhalten zu haben. In dieser Phase sollen alle gefunden Möglichkeiten verglichen, gemeinsam sortiert und auf dem Plakat festgehalten werden.

Um den Schülern einen optimalen Lernprozess zu ermöglichen, wurden in dieser Stunde die zwei **Repräsentationsebenen** (nach Bruner) enaktiv und symbolisch berücksichtigt. Enaktives Arbeiten, die Bearbeitung auf der Handlungsebene, wird durch das Rechnen mit den Wendeplättchen ermöglicht. Das Ausfüllen der Zahlengitter steht beispielhaft für die symbolische Ebene. Durch das Zusammenwirken dieser zwei Ebenen kommt der intermodulare Transfer zum Tragen.

5.2 Analyse einer Lernaufgabe als zentrierende Mitte

„Versuche mit deinem Partner möglichst viele Lösungen mit Zielzahl 12 zu finden. Achte auf deine Vorgehensweise". Durch diesen Arbeitsauftrag soll der Schwerpunkt der Bearbeitung auf das Erkennen der Strategie respektive Vorgehensweise gelenkt werden. Die Anzahl der gefundenen Lösungen soll in den weiterführenden Stunden behandelt werden, da diese für das Erreichen des Unterrichtsziels nicht relevant sind.

Das Entdecken einer Möglichkeit kann über mehrere Wege geschehen. (Siehe Fachwissenschaftlichc Analysc, Wege zur Entdeckung, S. 4)

Primär ist zu erwarten, dass ein Großteil der Schüler systematisch vorgeht, nachdem die ersten Möglichkeiten entdeckt wurden. Demnach sollten sie erkennen, dass die Mittelzahl gleich bleibt

---

4 Vgl. Lehrplan Mathematik S. 57.
5 http://www.kmk.org/fileadmin/veroeffentlichungen_beschluesse/2004/2004_10_15-Bildungsstandards-Mathe-Primar.pdf Stand: 03.12.2009, 19:14 Uhr.
6 Vgl. Lehrplan Mathematik S. 59.

und die Additionszahlen verändert werden müssen. Diese Vorgehensweise sollte in der Reflexion von allen Schülern erkannt werden.

5.3 Didaktisches Material / Funktion von Leitmedien

Das verwendete Material ist ansprechend ausgesucht.

In der Einstiegsphase wird zur Aktivierung der Lernbestände Bezug auf das Lernplakat genommen. Somit sollen sich die Schüler an bereits Gelerntes erinnern, da eine einheitliche und angemessene Fachsprache zum gegenseitigen Verständnis bedeutend ist. Auf diesem ist das Zahlengitter mit seiner Struktur dargestellt. Dieses Medium auf symbolischer Ebene begleitet die Schüler durch die gesamte Unterrichtsreihe.

Zur Entdeckung und deren Verschriftlichung stehen vorstrukturierte Zahlengitter zur Verfügung. Diese liegen auf jedem Gruppentisch bereit und können individuell genutzt werden. Diese sollen anschließend auf einem A3 – Papier fixiert werden. Des weiteren erhält jede Gruppe eine Tabelle, in die sie zur besseren Übersicht ihre gefundenen Möglichkeiten eintragen soll. Die Tabelle und die gefundenen Möglichkeiten sollen die Schülern beim Finden einer Strategie oder Vorgehensweise unterstützen, da so ein individuelles Entdecken ermöglicht und unterstützt wird. Das Sortieren nach einem bestimmten Schema kann von den Schülern frei gewählt werden. Zusammenfassend soll diese „frei" gestaltete Arbeitsphase einen individuellen Lern- und Entdeckungsprozess hervorrufen und als Grundlage für die Reflexionsphase dienen.

5.4 Differenzierungsmaßnahmen (innere Differenzierung) unter Berücksichtigung des sachstrukturellen Entwicklungsstandes der Kinder und der Niveaustufen

AB I	Reproduzieren	Dieses Anforderungsniveau kommt nur zum Tragen, wenn sich leistungsschwache Schüler für die letzte Variante der Tippkarten entscheiden.
AB II	Zusammenhänge herstellen	Finde Zahlengitter mit der Startzahl Null und Zielzahl 12.
AB III	Verallgemeinern und Reflektieren	Wie bist du vorgegangen? Was ist dir dabei aufgefallen? Warum hast du alle Möglichkeiten gefunden? Begründe!

Auf Grund der natürlichen Differenzierung erlangen alle Schüler mindestens Anforderungsniveau 2.

Kind	Niveaustufe	Konsequenz
	- könnten Probleme bei der Entdeckung der Strategie aufweisen	- könnten die Tippkarten in Anspruch nehmen
	- könnten Probleme bei der Struktur und Zahlzerlegung haben	- erhalten ein vergrößertes Zahlengitter sowie Wendeplättchen
	- arbeiten sehr schnell und erfassen zügig komplexe Zusammenhänge - sind sehr motiviert	- können weiterführende Aufgaben sowie die Zusatzaufgaben bearbeiten

Die nicht genannten Kinder werden meiner Meinung nach die Aufgabe in einem angemessenen Arbeitstempo erledigen. Sie könnten in Abhängigkeit die im Folgenden genannten Differenzierungen wahrnehmen.

Aus den eben genannten unterschiedlichen Niveaustufen der Kinder ergibt sich zur Ermöglichung eines individuellen Lernens ist in dieser Stunde eine qualitative und quantitative Differenzierung.

Eine **quantitative Differenzierung** liegt auf zwei Weisen vor. Zuerst könnten die Schüler alle Möglichkeiten zur Zielzahl 12 finden. Da dies nicht Schwerpunkt der Stunde sein soll erhalten die Schüler ein neues Zahlengitter mit der Zielzahl 16 und Startzahl 0. Somit sollen sie ihre Entdeckungen unter gleichen Bedingungen anwenden und selbstständig überprüfen, ob sich ihre gefundene Strategie auf andere Zielzahlen übertragen lässt.

Auf Grund der folgenden Komponente kann von einer qualitativen Differenzierung gesprochen werden. Das Verwenden von Tippkarten soll die Schüler darin unterstützen, Ansätze zur Lösung des Problems zu erhalten. Die Hilfen sind wie folgt strukturiert:

Tipp 1	Ist dein Ergebnis größer als 12, so verkleinere deine Pluszahlen. Ist dein Ergebnis kleiner als 12, so vergrößere deine Pluszahlen.
Tipp 2	Was passiert, wenn du deine Pluszahlen vertauschst?
Tipp 3	Rechne „plus 1" mit der einen Pluszahl und „minus 1" mit der anderen Pluszahl. Achte darauf, was passiert.
Tipp 4	Vergleiche deine gefundenen Zahlengitter. Welche Gemeinsamkeiten stellst du fest?
Tipp 5	Vergleiche die Mittelzahlen
Tipp 6	Vergleiche die Mittelzahl und deine beiden Pluszahlen. Rechne dazu „plus" mit beiden Pluszahlen.
Tipp 7	Beispiele für Pluszahlen:

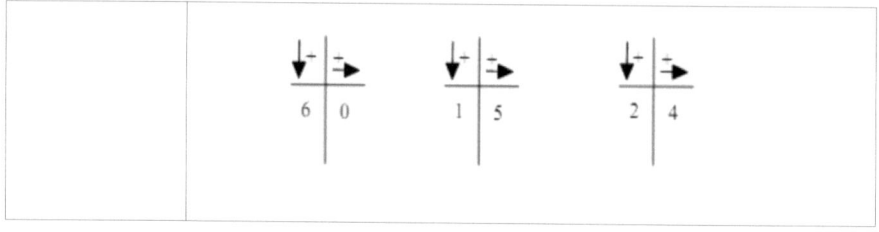

Eine äußere Differenzierung findet dahingehend statt, dass die Partnergruppen an einem Viertisch mit einem leistungsäquivalenten Zweierteam sitzen. Somit kann in der Gruppenarbeit von einer gleichen mathematischen Ebene ausgegangen werden, auf welcher die Verbalisierung aufbaut.

5.5 Der fächerübergreifende Aspekt und Deutsch als Sprache in allen Fächern

Der fächerübergreifende Aspekt bezieht sich in dieser Unterrichtsstunde auf den mündlichen Sprachgebrauch. Schon in der Einstiegsphase müssen die Schüler bereits Gelerntes wiederholen, während der Partnerarbeit mit ihrem Partner kommunizieren und in der Reflexion ihre Ergebnisse vorstellen und ihre Erkenntnisse nennen und begründen.

6 Literaturverzeichnis

Ministerium für Schule, Jugend und Kinder des Landes-Nordrhein-Westfalen (Hrsg.): Richtlinien und Lehrpläne für die Grundschule in Nordrhein-Westfalen. Frechen: Ritterbach 2008.

Radatz, H./Schipper, W./Dröge, R./Ebeling, A.: Handbuch für den Mathematikunterricht, 2. Schuljahr. Hannover 1998.

Wittmann, E. Ch./ Müller, G.N.: Handbuch produktiver Rechenübungen, Band 1. Vom Einspluseins zum Einmaleins, Stuttgart und Düsseldorf 1993.

Internet:
http://www.kmk.org/fileadmin/veroeffentlichungen_beschluesse/2004/2004_10_15-Bildungsstandards-Mathe-Primar.pdf

7 Geplanter Unterrichtsverlauf

1 Handlungssituation	Didaktischer Kommentar	Methodischer Kommentar / Medien
Einstig: Sitzhalbkreis		
1.1 Die SuS werden durch LAA begrüßt		
1.2 Die SuS ordnen die Stunde in die Unterrichtsreihe ein und wiederholen Gelerntes zu den Zahlengittern	Die Reihentransparenz wird durch die Einordnung der Unterrichtsstunde in die Unterrichtsreihe erzeugt und det den Lernzuwachs der SuS ab und macht das Handlungsprodukt als Ziel deutlich.	Die Reihentransparenz ist auf Plakaten visualisiert, bildet den Lernzuwachs der SuS ab und macht das Handlungsprodukt als Ziel deutlich. - Plakat
1.3 Die Stundentransparenz wird durch die SuS vorgestellt und ist an der Tafel visualisiert.	Informationen über den heutigen Stundenverlauf mit seinen Inhalts-, Arbeits- und Sozialformen (Stundentransparenz) sowie Zieltransparenz - Transparenz, bezüglich des Zieles und der unterrichtlichen Organisation der Stunde, hilft den SuS selbständiger und organisierter zu arbeiten	- Versprachlichen mit eigenen Worten als Orientierungsrahmen und zur Steigerung des Selbstständigkeitsniveaus - Transparenzkärtchen - Tafel
1.4 Aktivierung der Lernbestände. Die SuS erinnern sich an die letzte Stunde	Stummer Impuls: - Verknüpfung an letzte Stunde ermöglicht vernetztes Lernen	-Als stummer Impuls dient ein leeres Zahlengitter mit eingetragener Start- und Zielzahl. - Lernplakat
1.5 Die SuS stellen erste Vermutungen auf, indem sie erste Lösungsmöglichkeiten nennen.	Das Nennen der Vermutungen (eine Lösungsmöglichkeit) gibt den Schülern eine Orientierung für die Arbeitsphase und kann Leistungsschwächeren beim Finden von Lösungsmöglichkeiten helfen. Durch das Pro-	Die Vermutungen werden am Zahlengitter festgehalten und dienen als Hilfe.

behandeln wird die Rechenregel wiederholt

Vermutetes Handlungsergebnis: Die Schüler sind auf das Thema eingestimmt, haben die Unterrichtsstunde in die Reihe eingeordnet und sind über den Verlauf der Stunde informiert.

2 Handlungssituation	Didaktischer Kommentar	Methodischer Kommentar / Medien
Hinführung zur Arbeitsphase		
2.1 LAA erklärt die Organisation der Arbeitsphase, den Arbeitsauftrag (Finde möglichst viele Zahlengitter mit Zielzahl 12) und nennt den Beobachtungsauftrag (Warum kannst du sicher sein, dass du alle Zahlengitter gefunden hast / finden kannst?) hinsichtlich der Reflexion	- Die Schüler werden sich der weiteren Handlungsschritte bewusst. - Die Transparenz bezüglich der Reflexionsphase ermöglichen den Schülern ein zielgerichtetes und selbstständiges Lernen.	- Der verschriftlichte Arbeitsauftrag dient der besseren Visualisierung und unterstützt den Aneignungsprozess. - Arbeitsblätter (auf den Tischen) - Visualisierter Reflexionsauftrag ermöglicht Bezug zur Stunde im Sinne der Zieltransparenz
2.2 Wiederholung des Arbeitsauftrages durch die SuS und Klärung eventueller Fragen.	- Ein Schüler wiederholt den Arbeitsauftrag mit eigenen Worten.	- Wiederholung des Arbeitsauftrages mit eigenen Worten dient der Vertiefung des Verständnisses. - Durch Klärung der Fragen erhalten alle SuS die Chance, planvoll, zielgerichtet und effektiv zu arbeiten.
2.3 Die Schüler werden auf die Regel der Partnerarbeit aufmerksam gemacht	- Einhalten der Regeln wirkt sich förderlich auf die Arbeit aus.	- Die Schüler erinnern sich an die wichtigsten Regeln. - Regeln sind an der Wand auf einem Plakat visualisiert.

Vermutetes Handlungsergebnis: Die Schüler sind über den Ablauf der Arbeitsphase, informiert und kennen Arbeitsauftrag sowie Beobachtungsauftrag.

3 Handlungssituation	Didaktischer Kommentar	Methodischer Kommentar / Medien
Arbeitsphase: Partnerarbeit	Die Schüler können sich gegenseitig helfen und unterstützen sowie sich in ihren Handlungen und Erkenntnissen gegenseitig ergänzen.	
3.1 Die Schüler beginnen an ihren Arbeitsplätzen in PA ihre Arbeit und versuchen möglichst viele Zahlengitter zu finden.	- innere Differenzierung: • SuS können über den Ablauf der Arbeitsphase selbst entscheiden, indem sie sich gemessen an Lerntempo und Lernzuwachs für einen individuellen Ablauf entscheiden und die Ergebnisse festhalten.	- Die SuS sollen auf vorstrukturierten Zahlengittern möglichst viele Lösungen finden.
3.2 LAA dient als Beobachter	LAA beobachtet die Schüler während des Arbeitsprozesses und gibt Hilfestellungen und macht auf Tippkarten aufmerksam; Form der Differenzierung	
3.3 Ein Schüler beendet den ersten Teil der Arbeitsphase durch ein akustisches Signal (Triangel) und veranlasst so den Übergang zur Gruppenarbeit	Akustisches Signal als Ritual. Wechsel der Sozialform. - Äußere Differenzierung: Die SuS sitzen mit SuS gleichem Leistungsniveau am Tisch.	Durch das Erklingen der Triangel sollen die Schüler in die Gruppenarbeit wechseln und ihre Entdeckungen in die Vorbereitung auf die Reflexion verbalisieren. Sie ihre gefunden Möglichkeiten nach bestimmten Kriterien sortieren, bevor sie sie auf einem DIN A3 fixiert werden. Ihre Lösungen werden zur besseren Übersicht in einer Tabelle festgehalten.
3.4 Ein Schüler lässt das Lied zur Beendigung der Arbeitsphase ab-	Akustisches Signal als Ritual	-Durch das Einspielen der Musik sollen die Schüler ihre Arbeit beenden und sich auf die Reflexionsphase ein-

	stimmen.
spielenAkustisches Signal als Ritual	

Vermutetes Handlungsergebnis: Die SuS haben möglichst viele Lösungen gefunden und die Entdeckung gemacht, dass die Mittelzahl zerlegt werden muss. Außerdem haben sie ihren Entdeckungen verbalisiert.

4 Handlungssituation	Didaktischer Kommentar	Methodischer Kommentar / Medien
Reflexion: Sitzhalbkreis vor der Tafel	- Alle SuS haben einen gleichen Blick zur Tafel.	
4.1 Vorstellung der Vorgehensweise durch die Schüler	- Die Arbeit der Schüler wird gewürdigt. - Durch das Vorstellen der Ergebnisse wird das Argumentieren und Kommunizieren geschult	- Die Schüler präsentieren ihre Ergebnisse an der Tafel und begründen ihre Strategie. - Sie verwenden ihre erstellten Materialien aus der Arbeitsphase - es stehen leere Zahlengitter zur Verfügung
4.2 Schüler beziehen den Beobachtungsauftrag ein und erläutern warum sie sicher sein können, alle Möglichkeiten zu finden	- Die Strategie wird auf Allgemeinheit überprüft.	

Vermutetes Handlungsergebnis: Die SuS haben in der Reflexionsphase ihre Entdeckungen verbalisiert. SuS die möglicherweise noch keine Entdeckungen gemacht haben, erhalten die Möglichkeit die Entdeckungen der anderen SuS nachzuvollziehen.

BEI GRIN MACHT SICH IHR WISSEN BEZAHLT

- Wir veröffentlichen Ihre Hausarbeit, Bachelor- und Masterarbeit

- Ihr eigenes eBook und Buch - weltweit in allen wichtigen Shops

- Verdienen Sie an jedem Verkauf

Jetzt bei www.GRIN.com hochladen und kostenlos publizieren